全景图解百科全书
思维导图启蒙典藏
中文版

My First Encyclopedia

西班牙 Sol90 出版公司　编著

中央编译翻译服务有限公司　翻译

QUANJING TUJIE BAIKE QUANSHU
SIWEI DAOTU QIMENG DIANCANG ZHONGWENBAN
WEIDA FAMING

伟大发明

中国农业出版社

北　京

目 录

高速列车

自工业革命以来，火车已面世两百多年，随着科技的进步和发展，列车行驶的速度也在不断提高。背景照片上是巴黎直通斯特拉斯堡的高速列车，时速可达将近600千米。与飞机相比，火车不但具有高安全性，用于中等距离的交通运输也更为方便。●

控制舱
从被启动那一刻起，列车便可在驾驶人员的操作下高速行驶。

这列法国的最高速列车时速可达

574.83 千米。

铁路机车

作为长列车的车头，铁路机车配有功率强大的电动机，以保证列车可高速行驶，即使在爬坡时也能飞速前行（背景图中是法国TGV列车，名称来源于其法文全称Train à Grande Vitesse "高速铁路"的缩写）。火车的两端均设有一辆机车头，因此火车能够双向行驶。

煤炭
煤炭曾是早期火车的主要燃料。

扰流板
有助列车稳定行驶，还有助于节省耗能。

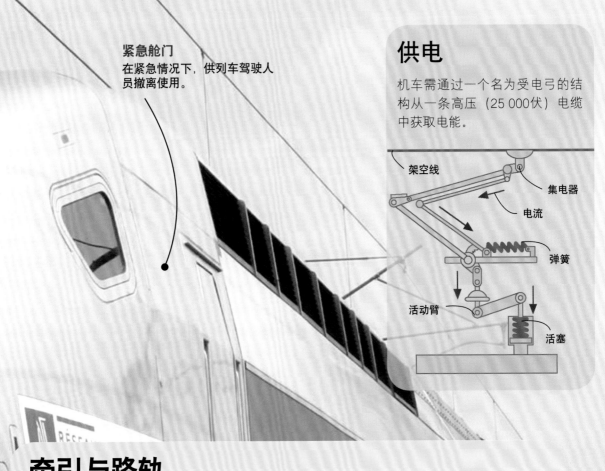

紧急舱门
在紧急情况下，供列车驾驶人员撤离使用。

供电

机车需通过一个名为受电弓的结构从一条高压（25 000伏）电缆中获取电能。

架空线

集电器

电流

弹簧

活动臂

活塞

牵引与路轨

铁路列车的每个车轮上均配有一台独立的电动机。而路轨系统所采用的位移原理，在近150多年来并无实质性的重大创新。

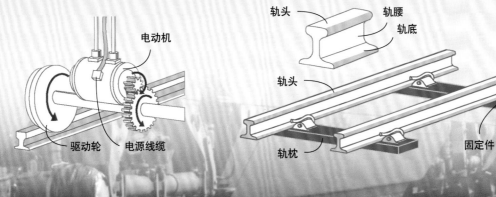

电动机

轨头　　　　　轨腰
　　　　　　　轨底

轨头

驱动轮　电源线缆

轨枕

固定件

船

船是人类最早发明的交通运输工具之一，它的出现使人们得以克服水路障碍。人类早期建造的船舶仅用于沿海水域航行，在悠长的历史中经过不断发展，时至今日，各类大型船舶穿梭在大洋上，运送乘客和货物。●

商业意义

货船运输的货流量在国际越洋货运总量中占有最大比例。

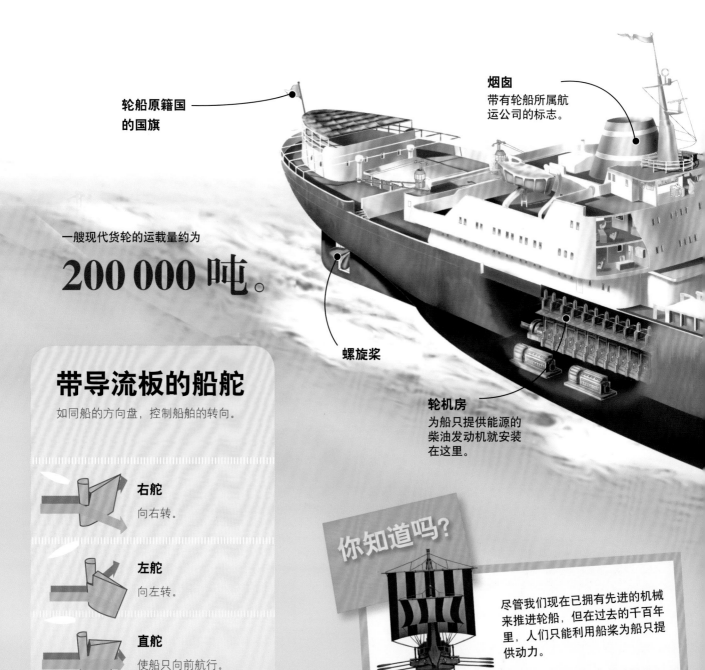

轮船原籍国的国旗

烟囱
带有轮船所属航运公司的标志。

一艘现代货轮的运载量约为

200 000 吨。

螺旋桨

轮机房
为船只提供能源的柴油发动机就安装在这里。

带导流板的船舵

如同船的方向盘，控制船舶的转向。

右舵
向右转。

左舵
向左转。

直舵
使船只向前航行。

你知道吗？

尽管我们现在已拥有先进的机械来推进轮船，但在过去的千百年里，人们只能利用船桨为船只提供动力。

螺旋桨如何运作?

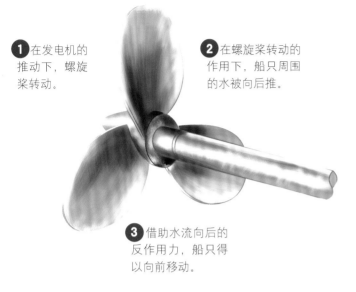

1 在发电机的推动下，螺旋桨转动。

2 在螺旋桨转动的作用下，船只周围的水被向后推。

3 借助水流向后的反作用力，船只得以向前移动。

船舶为什么能在水上浮着?

船舶能浮在水上是由于船体的空心结构使船体内充满了空气，空气比水体的密度要小得多。因此，若船只上的固体密度越大，船舶浸在水里的深度（俗称"吃水"）越大。

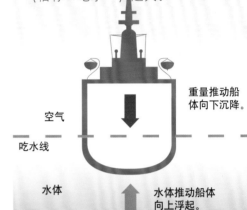

重量推动船体向下沉降。

空气

吃水线

水体

水体推动船体向上浮起。

操舵室
轮船的航行及所有机动动作均由这里操控。

货舱舱口
图例中的这艘巨型船舶是多用途货轮，这可以从它同时采用仓库和集装箱两种储存货物的方式分辨而知。

甲板起重机

船舶绞盘
在锚定操作时用来下锚和起锚。

锚

货仓

双层底
燃料罐和自来水水箱设置在这里。

汽车

19世纪末出现的第一批汽油动力汽车是现代汽车的雏形，经过不断的改良和革新，汽车的速度和舒适性都得到了显著提高。然而，自1885年卡尔·弗里德里希·本茨（Karl Friedrich Benz）制造了世界上第一辆由内燃机发动的三轮车以来，汽车的操作原理和驾驶方式并没有发生太大改变。●

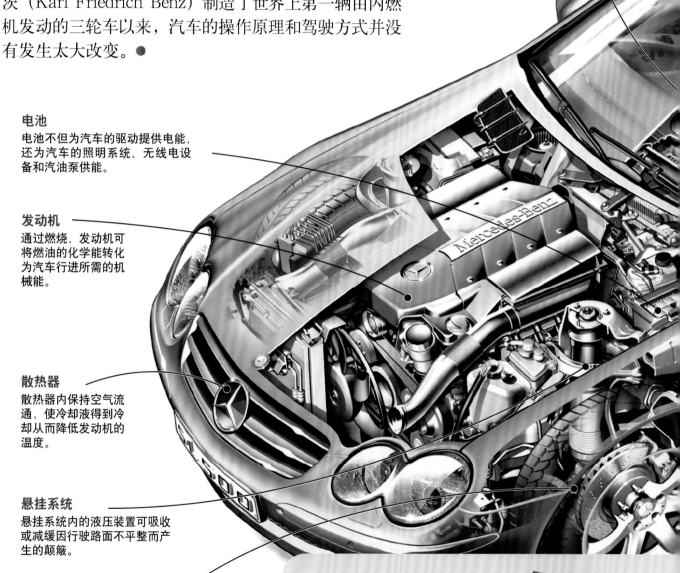

仪表盘
驾驶者可从这里获知汽车的行驶速度和油位等信息。

电池
电池不但为汽车的驱动提供电能，还为汽车的照明系统、无线电设备和汽油泵供能。

发动机
通过燃烧，发动机可将燃油的化学能转化为汽车行进所需的机械能。

散热器
散热器内保持空气流通，使冷却液得到冷却从而降低发动机的温度。

悬挂系统
悬挂系统内的液压装置可吸收或减缓因行驶路面不平整而产生的颠簸。

制动器
采用通过摩擦增加阻力的原理，通过刹车片或刹车带使车轮停止运动。

古代汽车

据考究，在十七世纪后期，中国已成为世界上第一个尝试设计并制造汽车的国家。然而，人们到1769年才真正开始使用汽车，自此之后，汽车开始高速发展。

库诺的蒸汽车
法国人库诺于1769年发明了一辆以蒸汽为动力的蒸汽汽车。

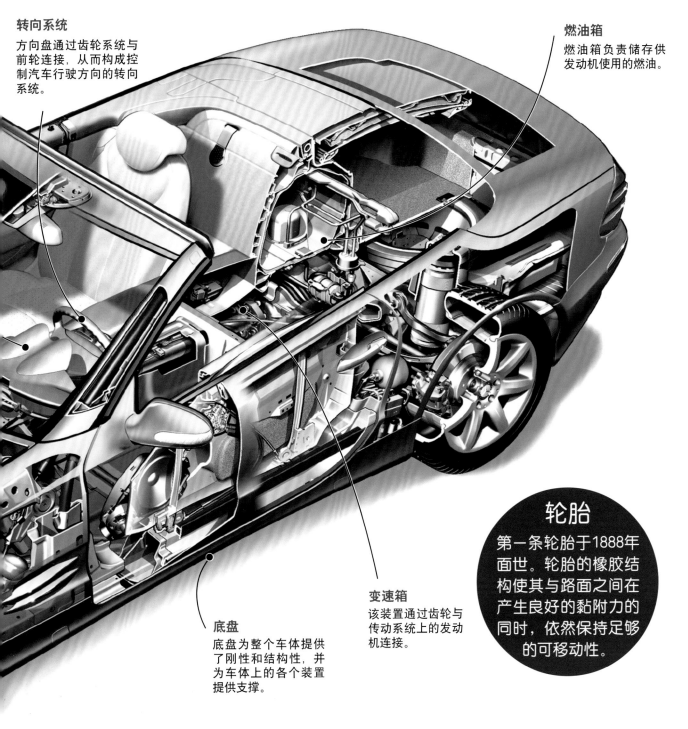

转向系统
方向盘通过齿轮系统与前轮连接，从而构成控制汽车行驶方向的转向系统。

燃油箱
燃油箱负责储存供发动机使用的燃油。

轮胎
第一条轮胎于1888年面世。轮胎的橡胶结构使其与路面之间在产生良好的黏附力的同时，依然保持足够的可移动性。

底盘
底盘为整个车体提供了刚性和结构性，并为车体上的各个装置提供支撑。

变速箱
该装置通过齿轮与传动系统上的发动机连接。

奔驰
发明首辆由汽油推动的三轮车（1885年）。

福特
首个大规模生产汽车的生产商（1908年）。

大众汽车
其名为"甲壳虫"的小型轿车闻名于世（1939年）。

Thrust SSC
"超音速推进号"，时速超过1 200千米（1997年）。

飞机

1930年，莱特兄弟驾驶由他们自行发明的双翼飞机成功完成了试飞，虽然飞行距离不过短短数米，但已彻底改变了世界。从那时起至今，飞机已成为实现大型长途快速运输的常用空中运输工具。尽管这种空中的庞然大物已从早期由木材、布料和钢材搭建的原始形态蜕变成可以运载数百名乘客的大型喷气式客机，但最初的飞行物理原理却一直沿用至今。

襟翼
在飞机起飞和降落前襟翼须完全打开，以增加机翼的面积。

空中的庞然大物

空客A380是目前世界上最大的飞机型号之一。A380的机身有两层，设计行程约为15 200千米，一次飞行足以从波士顿飞到香港。该机型于2007年第一次进行商业飞行。飞机驾驶员通过在驾驶舱内操作来控制飞机飞行的方向和高度。

飞机是如何飞行的?

飞机能飞行的奥秘藏于它的机翼中，其设计可使在机翼上方空气的流动距离大于机翼下方空气的流动距离，因而使机身获得更高的速度。此外，机翼上部的压力也因此低于下部的压力，这样机翼获得了一股向上升的动力——升力。

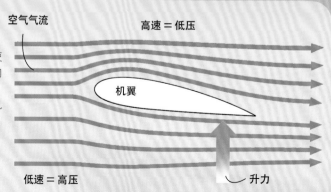

空气气流

高速＝低压

机翼

低速＝高压

升力

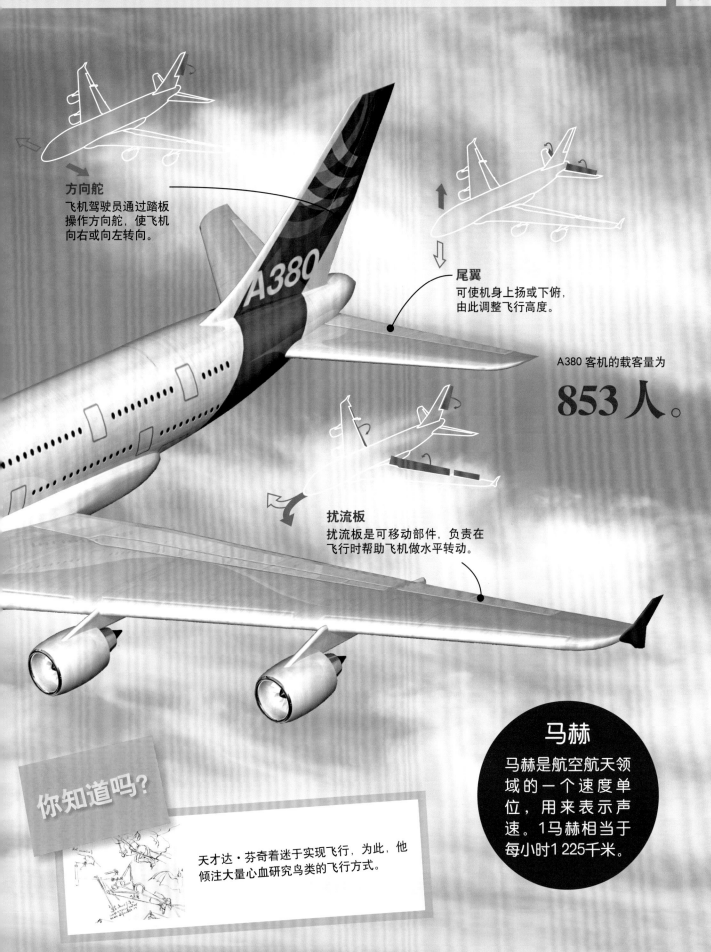

方向舵
飞机驾驶员通过踏板操作方向舵，使飞机向右或向左转向。

尾翼
可使机身上扬或下俯，由此调整飞行高度。

A380 客机的载客量为

853 人。

扰流板
扰流板是可移动部件，负责在飞行时帮助飞机做水平转动。

你知道吗？

天才达·芬奇着迷于实现飞行，为此，他倾注大量心血研究鸟类的飞行方式。

马赫

马赫是航空航天领域的一个速度单位，用来表示声速。1马赫相当于每小时1 225千米。

直升机

与固定翼飞机相比，直升机的结构更复杂，制造、使用和维护的成本也相对更高；此外，直升机的飞行速度较慢、飞行自主性较低。尽管有不少不足之处，但优秀的可操作性绝对可以使它的缺点通通被忽略：直升机能在空中静态悬停、自转并在任何面积是其自身两倍的场地上垂直起飞及降落。●

重型运输

CH-47"支努干"是美国军队自1960年起使用的一款直升机，主要用于运送部队和武器。从20世纪六十年代至今，这款机型的发动机、设计和整体系统已得到相当大程度的提升。

前旋翼
螺旋桨的倾斜度可改变。

直升机是如何飞行的？

所有直升机均配有一个称为旋翼的旋转系统，旋翼叶片通过转动使直升机升起及移动。直升机机体的倾斜度通过一个接有两个控制杆的旋转倾斜盘控制。与固定翼飞机的机翼一样，直升机的旋翼桨叶外形符合空气动力学原理。

上倾斜盘
由旋翼叶片和旋翼轴组成，可旋转。

下倾斜盘
不可转动，但可通过与控制杆的连接进行上升、下降和倾斜的操作。

皮托管
用于记录气压及反映离地高度。

吊钩
CH-47"支努干"可携带重达10吨的武器、弹药和其他作战装备。

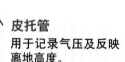

因首次在战斗中大规模使用直升机，越南战争被称为"直升机之战"。

领飞者

阿根廷人劳尔·帕特拉斯·佩斯卡拉（Raúl Pateras Pescara）是世界上第一位成功驾驶直升机飞行的发明家。

传动箱
将扭力从发动机传送至旋翼。

后旋翼
该部件用于平衡扭力，扭力是推动机体旋转的动力。

发动机
由两台涡轴发动机构成。

1920年，发明家佩斯卡拉在西班牙为他设计的一架带反转旋翼的直升机申请了专利，这架直升机能够垂直起飞和降落。

直升机的旋转原理

直升机方向舵上的踏板（也称"脚蹬"）可改变旋翼旋转倾斜盘的倾斜度，从而使其中一个旋转倾斜盘向左倾斜、另一旋转倾斜盘向右倾斜；反之亦然。

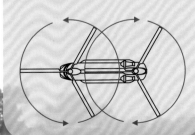

起落架
该部件可与一组滑橇相连，使直升机可在冰雪地面上平稳降落。

装载坡道
小型车辆可由此进入直升机内。

圆珠笔

圆珠笔是人们最常用、最普及的书写工具。自1940年诞生以来，圆珠笔已逐渐演变成如今的自来水笔型。圆珠笔的主要特征是其带有一个金属滚珠的笔尖，通过滚珠在纸面上滚动均匀带出储存在笔芯内的油墨。●

拉迪斯洛·比罗
(Laslo Biro)

发明家，其发明硕果累累，最为人熟知的当数圆珠笔和滚珠香体露。他生于1899年，曾从事新闻业，其后与一位兄长及一位合伙人琼安·乔治·梅恩（Juan Jorge Meyne）为逃离法西斯移居阿根廷。他在阿根廷发明了圆珠笔，于1985年在布宜诺斯艾利斯与世长辞。

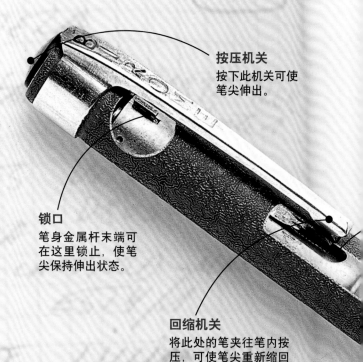

按压机关
按下此机关可使笔尖伸出。

锁口
笔身金属杆末端可在这里锁止，使笔尖保持伸出状态。

回缩机关
将此处的笔夹往笔内按压，可使笔尖重新缩回笔身内。

笔尖

圆珠笔的笔尖上带有一个滚珠，滚珠通常由钢或钨制成。通过滚珠与纸面接触并带出油墨从而完成书写。圆珠笔出墨顺滑均匀，使用极为方便。止汗剂也是利用这一滚珠原理发挥作用。我们可根据笔尖尺寸来区分细笔头或中等笔头的圆珠笔。

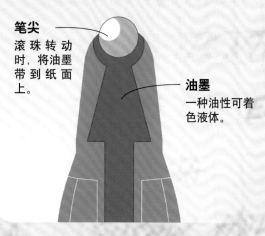

笔尖
滚珠转动时，将油墨带到纸面上。

油墨
一种油性可着色液体。

曾价值不菲

在进入大众视野初期，圆珠笔的售价不菲，每支售价80到100美元。

圆珠笔的推广和普及

当马塞尔·比奇（Marcel Bich）得知圆珠笔得以在阿根廷生产制造后，他决定将圆珠笔引进到法国。不久后，在全世界范围内，他的公司名称变成了圆珠笔的代名词。

你知道吗？

比罗采用圆珠笔的滚珠原理发明了滚珠香体露。后来，这项技术被大量应用到止汗产品中。

空气进入
气孔使空气可进入笔芯，避免笔芯内真空，由此可保证出墨顺畅。

油墨容器
厚实、由不可被水溶解的物质制成。

弹簧
当弹簧松开时，笔尖缩回笔体内。

钢笔的改良史

❶ 旧式钢笔

在圆珠笔普及前，钢笔曾是使用最为广泛的书写工具。

在笔尖的心孔内会存有少量墨水。

需蘸取墨水进行书写。

❷ 自来水型钢笔

结构与传统钢笔大致相似，但笔体内有一个可储存并补充墨水的容器。

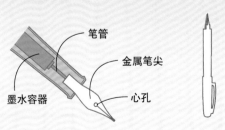

笔管

金属笔尖

墨水容器

心孔

1950 年，法国 BIC 公司开始销售圆珠笔。

LCD屏幕

当今手机和笔记本电脑的屏幕均采用液晶技术，这项发明源自十九世纪，早期首先被运用在电视机这一常用家电上。它的出现，无论是对电视屏幕的尺寸还是对画面的质量而言，都是一次重大的革命性突破。而新款的液晶电视已改良得更为轻薄、便捷、高效且耗能更低。●

液晶屏的内部结构

LED 灯
最新一代的显示屏幕已不再使用传统的荧光灯管，而采用红色、绿色和蓝色的发光二极管，从而组合成强大的白光源。

扩散器
用于控制眩光，使光效更柔和。

电路
将电视信号转化成液晶电子指令，从而生成屏幕上的画面。

液晶
液晶在十九世纪被人们发现，是一种特殊状态的物质，既有固态特征也有液态特征。举例说，液晶的分子可以呈现特定的晶体结构，这属于固体特征；但与此同时，它们仍能保留一定的移动性。在液晶显示屏中，液晶分子可借助电脉冲发生转向，还能够迅速地恢复到未受电脉冲影响前的状态。

液晶分子如何发挥作用?

通过薄膜晶体管向液晶分子施加电压，液晶分子的排列状况因而被改变，穿透液晶分子的光也由此被扭转。

首开先河

1926年1月26日，英国广播公司在格拉斯哥和伦敦两地之间，采用无线电波传送图像，为大众播放节目。

图像

一个图像整体由数以万计被称为〝像素〞的光点组成，每个像素的颜色和深浅度通过三种子像素（红、蓝、绿）的亮度组合而形成。

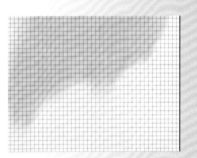

像素的颜色取决于其子像素的光暗度，以下是两个最为明显的示例：

白色由三个子像素均调至最大亮度时组合而成。　　黑色由三个子像素均关闭无光时形成。

全世界范围内，有 **14亿** 个家庭至少拥有一台电视。

光的强度

液晶分子的排列方式会影响对光束的扭曲作用。由于第二偏振器为水平方向，因此最终亮度取决于光束接近水平的程度。

中等亮度　　　　最高亮度

遮光

当液晶分子使光束以垂直方向穿过后，水平方向的第二偏振器将遮蔽光束。

条形码

条形码是一种全球通用的产品检验编码系统，由一连串不同宽度的线条和白条（空隙）组成，其中包含的信息可由电子读取器解读。尽管从外观上看，所有条形码都似乎相同，然而每一个条形码仅专属于一种产品。条形码在人们的生活中极为常见，比如在超市内的商品包装上均印有条形码。

瞬间读取编码

为了解读隐藏在条形码中的信息，需要使用一个光学扫描仪，该仪器可在不到一秒的时间内读取条形码信息。

1 在扫描条形码时，应将产品条形码处垂直放置在扫描仪前方，使扫描仪射出的激光束射至条形码上。

2 扫描仪射出的红色激光束射向整个条形码，条形码的黑色线条吸收红色激光，但白条部分则能反射激光。

3 被反射的红色激光将通过扫描仪以信号的形式发送至一个解码器，由解码器将信号转化为数字代码。

4 处理器将转换后的数字代码与原数据库中产品的代码进行比较，并由此确定产品的名称和价格等信息。

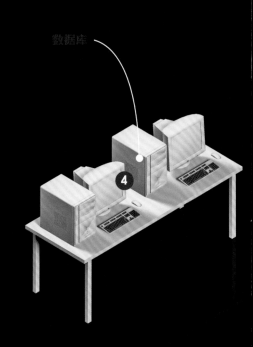

激光

数据库

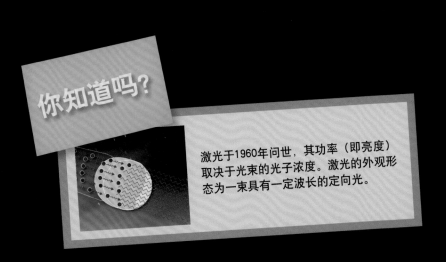

你知道吗？

激光于1960年问世，其功率（即亮度）取决于光束的光子浓度。激光的外观形态为一束具有一定波长的定向光。

错误率

条形码的平均错误率为每100 000条仅发生一次错误。

1972年，条形码被首次在超级市场中应用。

1

3
读取设备

镜面

收银台

数字编码

每组条形码均由一连串黑色和白色线条以及一组由13个数字组成的数组构成，这一数组携带了三项产品信息。

前三位数字
表示产品的出产国。

其余数字
紧接着的六位数字表示生产商，剩余的数字代表产品信息。

出产国代码　　生产商代码　　产品代码

微芯片

尽管尺寸迷你，微芯片却是计算机系统的大脑，是计算机所有其他组件运行的控制中心。世界上第一块微芯片由工程师杰克·基尔比（Jack Kilby）于1958年创造。从此以后，随着科技不断更新进步，微芯片的尺寸越来越小，而计算能力却越来越强大。微芯片的发明者获得了2000年诺贝尔物理学奖。

体积虽小、功能强大

微芯片大概是人类有史以来最微型的发明，这个复杂的电路由数百万部件组成，尺寸却只有几平方毫米。虽然体积小，但微芯片却能控制复杂而精密的电脑，一秒内便可完成数百万次计算。

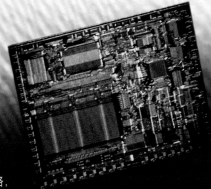

微芯片

对于计算器、移动电话、家用电器、信用卡等常用电子设备来说，微芯片是必不可少的元件。而微芯片更进一步的发展，更是日新月异。

微电路
即小型化的电子电路，采用集成电路的方式，有效地缩小了部件的尺寸和重量。

微芯片界的"名人堂"

总的来说，每当一款新型微处理器问世，便可帮助计算机的效率和性能得到大幅度提升。在计算机的发展史上，下列微处理器不但改良了计算机的基础性能，还创造出里程碑式的进展。

英特尔 4004
是市面上第一款单芯片微处理器(1971年)。

MOS 6502
曾为计算机的发展奠定了革命性突破的基础，曾应用在雅达利电子游戏机和第二代苹果电脑中（1975年）。

ZiLOG Z80
在 20 世纪 80 年代最为风靡的，是 Spectrum 系列个人电脑和 Sinclair 公司的产品"电子大脑"（1976 年）。

英特尔 8086
这是微处理器史上最成功的杰作，是 IBM 产品的核心元件（1978 年）。

英特尔 80386
第一款 32 位微处理器，在商业上获得了巨大的成功（1985 年）。

英特尔 奔腾
它的出现使整个微处理器界为之一振，奔腾处理器的性能是过往其他处理器的5倍

计算机

计算机内的微芯片或微处理器负责管理计算机各个构成部件，比如接收从键盘上输入的数据。

世界第一款微芯片每秒可进行

6 000 次计算。

你知道吗？

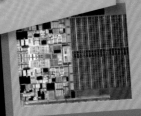

纳米芯片的晶体管非常小，人类一根头发直径的尺寸内可容纳约2 000个晶体管。

英特尔 安腾 9500
这一新型微处理器的可用性极强，具备前所未有的错误恢复功能（2012 年）。

微芯片在宠物中的应用

微芯片可通过一个特殊的注入器植入到宠物的皮肤下层，微芯片内的一串数字编码可帮助宠物的主人识别爱宠并迅速对其定位。

计算机

从占据整栋楼房的庞然大物，到今天我们使用的家庭或便携式电脑，计算机的发展走过了一条漫长的路。如今，计算机已成为人们学习、获取资讯和娱乐的好帮手，更是各行各业管理和营运的必备工具。与其他科技领域的发展一样，计算机技术也在不断地进步中。●

个人电脑

PC一词源于英语 personal compute ——词义为个人电脑，指专门设计作为家庭电脑的计算机。

计算机的内部结构

在个人电脑的机箱内部，藏着一个看似迷宫一样由线缆、电路板和电路组成的硬件系统。虽然看似杂乱，实质上每个零部件都被清楚地区分和合理地连接，分工合作、发挥各自的作用。

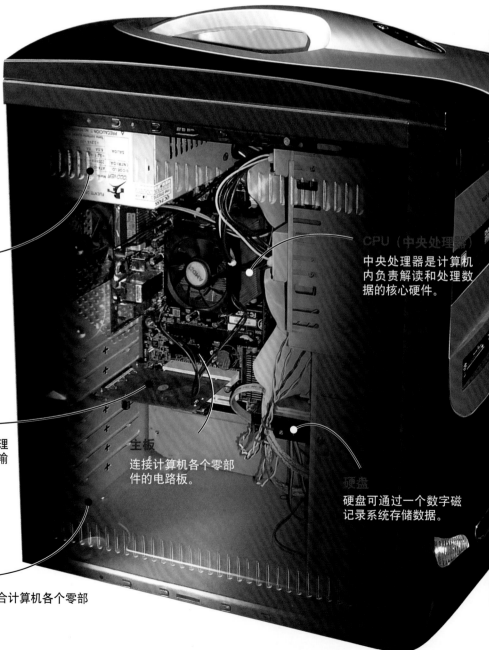

电源
个人电脑运作所需的电力可由外部电源供应。机箱中内置的散热器可避免因供电而造成的过热反应。

显卡
负责处理来自 CPU（中央处理器）的视频显示数据，并输出至屏幕上生成画面。

主机箱
用作容纳和整合计算机各个零部件的箱体。

主板
连接计算机各个零部件的电路板。

CPU（中央处理器）
中央处理器是计算机内负责解读和处理数据的核心硬件。

硬盘
硬盘可通过一个数字磁记录系统存储数据。

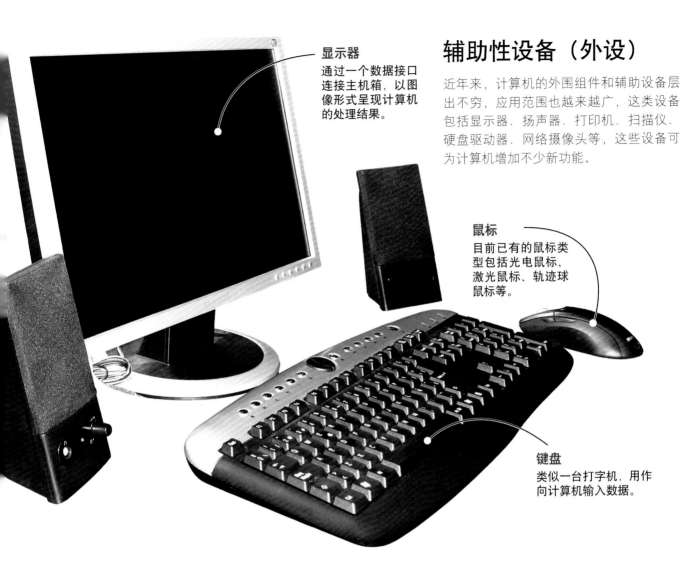

显示器
通过一个数据接口连接主机箱，以图像形式呈现计算机的处理结果。

辅助性设备（外设）

近年来，计算机的外围组件和辅助设备层出不穷，应用范围也越来越广，这类设备包括显示器、扬声器、打印机、扫描仪、硬盘驱动器、网络摄像头等，这些设备可为计算机增加不少新功能。

鼠标
目前已有的鼠标类型包括光电鼠标、激光鼠标、轨迹球鼠标等。

键盘
类似一台打字机，用作向计算机输入数据。

平板电脑

平板电脑是一种具有众多功能和操作可能性的便携式设备，基本上拥有传统手提电脑的所有功能。它可以用来阅读电子书、观看电影、听音乐、存储数据和信息、连接互联网等等。

互联网

互联网是一个巨大的通信网络，可以连接地球上所有的计算机，允许计算机用户以各种不同的方式与外界发生互动：远距离视频和交谈、足不出户便可完成购物、发送和接收电子邮件、看报纸、办理银行业务等等。计算机仅需连接至互联网，便可利用互联网上的无数资源，享受这个强大通信网络的功能。

① 计算机

计算机向服务器发出信息请求，该请求被分解成数据包并被传送至相应的服务器。

路由器

源服务器

② 源服务器

源服务器会对计算机发出的请求进行解读，并在解读后将请求发至目标服务器。

计算机

③ 路径

路径可将不同局域网相互连接，并可在传送信息时筛选最佳传输线路。

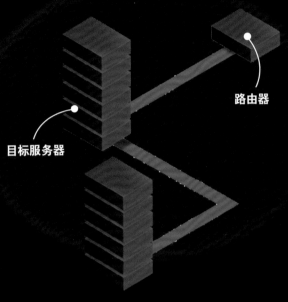

④ 目标服务器

存有所需信息的服务器
将信息发送至提出处理
请求的服务器。

路由器

目标服务器

⑤ 终点

当信息被传送至发出请求的
计算机后，数据包将重新组
装成所需的信息。

网页 是互联网众多服务中
的一种。而电子邮件则是至今使用最
为广泛的互联网服务。

互联网是如何
运作的?

从技术上来说，互联网是一个全球
性的计算机网络，通过一种特殊
的"通信协议"保持连接性。零散
的信息以数据包的形式在不同的路
径上穿梭，当这些数据包（文字页
面或图像等）抵达传输目的地时将
被重新组装成用户所需的信息。

英语

英语是在全世界范
围内的网页中应用
最多的语言，其次
是汉语、西班牙语
和日语。

数码相机

与传统相机需要使用胶片存储图像不同，数码相机将其捕捉到的图像记录在电子设备或磁盘中。众多小巧的数码相机已具备多种功能和用途，它们不仅能够拍摄照片，还可用来录制音频和视频。由于多功能性和成本上的优势，近年来，数码相机已经取代了传统相机的地位。

1 捕捉图像

在数码相机中，一个被称为CCD（电荷耦合器件）或CMOS（互补金属氧化物半导体）的传感器取代传统相机内置的感光辊（胶片），CCD或CMOS可将光子转换为电子或电荷。

拍摄对象

相机镜头
可以选择和对焦拍摄对象。

光圈
用来调整和控制镜头的进光量。

快门
用于确定曝光持续的时间。

CCD（电荷耦合器件）或 CMOS（互补金属氧化物半导体）
一个互联的电荷装置。

数字图像
倒转显示。

数码相机的发明者

1975年，伊士曼·柯达（Eastman Kodak）邀请美国工程师史蒂文·萨森（Steven Sasson）开发一种使用固态电子系统和电子传感器来收集光源信息的相机。1978年，萨森为他研发的一台重4千克的数码相机申请了专利。

1988年，富士公司正式开始销售数码相机，首开先河。

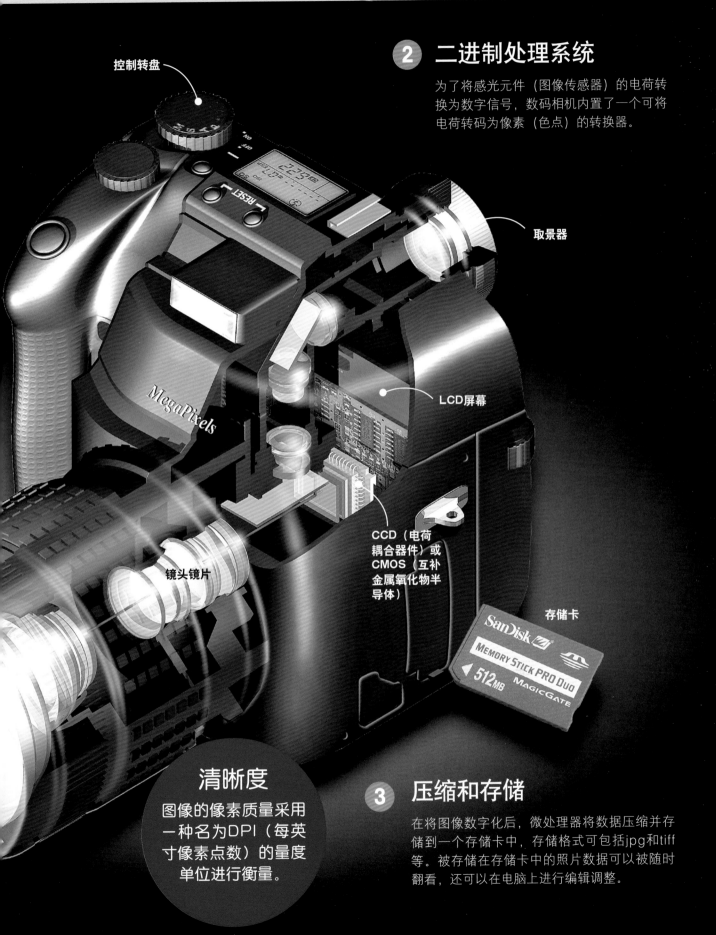

控制转盘

② 二进制处理系统

为了将感光元件（图像传感器）的电荷转换为数字信号，数码相机内置了一个可将电荷转码为像素（色点）的转换器。

取景器

LCD屏幕

MegaPixels

CCD（电荷耦合器件）或CMOS（互补金属氧化物半导体）

镜头镜片

存储卡

SanDisk

MEMORY STICK PRO DUO

512MB MAGICGATE

清晰度

图像的像素质量采用一种名为DPI（每英寸像素点数）的量度单位进行衡量。

③ 压缩和存储

在将图像数字化后，微处理器将数据压缩并存储到一个存储卡中，存储格式可包括jpg和tiff等。被存储在存储卡中的照片数据可以被随时翻看，还可以在电脑上进行编辑调整。

移动电话

至今，仍未出现一项使用普及性可以超越移动电话的发明。新款移动电话不仅轻巧，且功能十分强大：可以玩游戏、播放音乐、接收和发送电子邮件和SMS短信、设置电子日程、拍摄照片、浏览网页、使用GPS（全球定位系统）、观看数字电视……全方位覆盖人们日常生活的需求。

2 基站

基站内有一个数据库，可存储一定范围内所有开启的移动电话及对应蜂窝站的数据。

1 通话

只需在移动电话上拨号，当地电信服务商的天线随即识别通话的目标用户，并向基站发送数据。

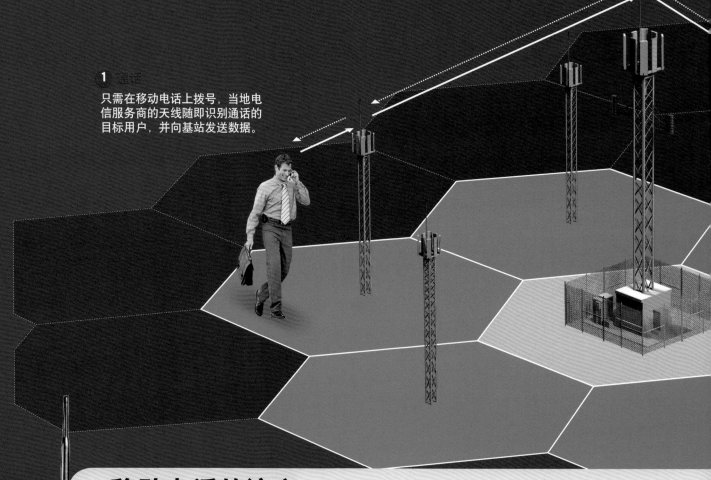

移动电话的演变

自1983年问世以来，移动电话的体积已大幅度缩小，但其功能却日益强大。

1983 年
摩托罗拉 DynaTAC 8000X：历史上第一台移动电话。

1993 年
IBM Simon：带计算器和日历的移动电话。

1996 年
摩托罗拉 Start TAC：第一台可折叠的移动电话。

1999 年
夏普 J—SH04：第一台带摄像头的移动电话在日本销售。

2000 年
三星 SCH—M105：第一台可播放 MP3 的移动电话。

国际电话

在固定电话年代，国际长途电话需要借助卫星才能实现。

灵活的移动性

通过对比各蜂窝站之间信号的强弱，可探测移动电话的移动。这一技术使移动电话可在高速移动中保持通信状态。

3 连接
移动电话通过天线与通信系统连接。

2005 年
摩托罗拉 ROKR：带 iTunes 应用软件的移动电话（可存储100首歌曲）。

智能电话
最新一代的智能电话几乎已经包含一台计算机的所有功能。

摩天大楼

自19世纪末起，对混凝土和钢铁等新型建筑材料的开发和应用使建筑物的高度攀上了新高。对建筑工程师和建筑设计师而言，最大的挑战莫过于如何为这些摩天大楼设置相配的设施，包括电梯和应急系统。初期的摩天大楼主要集中在美国，时至今日，在世界主要大城市皆可见矗立的高楼大厦。

天际线
许多城市会以其标志性的摩天大厦作为地标或天际线。世界上最为著名的天际线包括纽约、芝加哥、香港、东京、迪拜以及布宜诺斯艾利斯。

世界最高建筑排行榜

虽然许多摩天大楼的建造原意是由于土地价格高昂，减少占地面积可降低建筑成本，但在广告的宣传和影响下，很多摩天大楼因所在区域或城市而价格高涨。

❶ 哈利法塔

(阿拉伯联合酋长国)：808米

❷ 芝加哥螺旋塔

(美国，芝加哥)：610米

❸ 麦加皇家钟塔饭店

(沙特阿拉伯，麦加)：595米

❹ 天津 117 大厦

(中国，天津)：570米

❺ 自由塔

(美国，纽约)：541米

❻ 台北 101

(中国，台北)：508米

❼ 联邦大厦

(俄罗斯，莫斯科)：506米

摩天先锋

在十九世纪末，美国的纽约和芝加哥率先成为建造摩天大楼的先锋都会。

材料

摩天大楼必须具有一个高抗性结构以承受其高度、位置与地震震动等潜在影响因素。为此，在建造时必须采用现代材料。

至今人类建造的最高的建筑物高达

808 米。

灵活性

强风会吹动摩天大楼，比如哈利法塔，不仅不能避免这种现象，因高度关系，受其影响尤为明显。

世界之最

目前全世界最高的建筑是阿拉伯联合酋长国的哈利法塔，该建筑于2010年1月落成，共162层，建造施工共花费了五年时间。其用途为居住，比于2009年建成的曾是世界第一高的台北101足足高出300米。

钢筋混凝土

建筑的自重由以钢筋混凝土制成的梁柱支撑，这种混凝土包裹钢芯的结构具有卓越的抗性。

建筑结构

该建筑的基座呈Y型，在对建筑结构进行设计时，设计师已考虑该地区常发生的风暴现象及其影响。

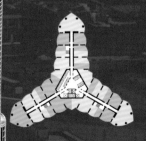

地基

地基指建筑物藏于地下的支撑部分，对建筑物而言是不可缺少的。

GPS（全球定位系统）

借助小型手持式接收器，全球定位系统（GPS）可让我们随时随地定位地球上的任何一个角落。它的出现原是用作军事用途，如今已成为人们生活上的好帮手：全球定位系统不仅可以为船舶和飞机导航、为汽车引路，还是运动员和科学家开展训练和研究的必备工具。●

全球定位系统的主要功能

作为一个动态系统，全球定位系统可提供实时的移动、方向和移动速度追踪，这一系列动态追踪使该系统可提供多种功能性服务，包括：

❶ 定位

用户可在该系统上确定其所在位置的三维地理坐标，偏差率为2米到15米，根据定位时卫星和接收器的信号强弱而定。

❷ 地图

用户可在该系统上获取一份详细的地图，显示指定范围内的城市、道路、海洋、空域等。这张地图不仅详尽，还是动态的，可以随时定位用户的位置和移动情况。

❸ 追踪

通过全球定位系统，用户可了解其移动速度、移动距离以及耗费的时间。此外，该系统还可提供用户的平均速度。

❹ 计划行程

全球定位系统可帮助用户制定两点或更多点之间的行程路线，系统能够识别最短距离、正确的行进方向、最佳路线和抵达时间。

下一个地点的标识和名称

到下一个地点的距离

行程所需的时间

太空卫星

Navstar GPS（全球卫星定位系统）是一个由30颗卫星组成的卫星网络，这些卫星的轨道高度约20 200千米，与地球同步运行，监测范围可覆盖整个地球表面。每一项信息均需要至少三颗卫星的监测数据。

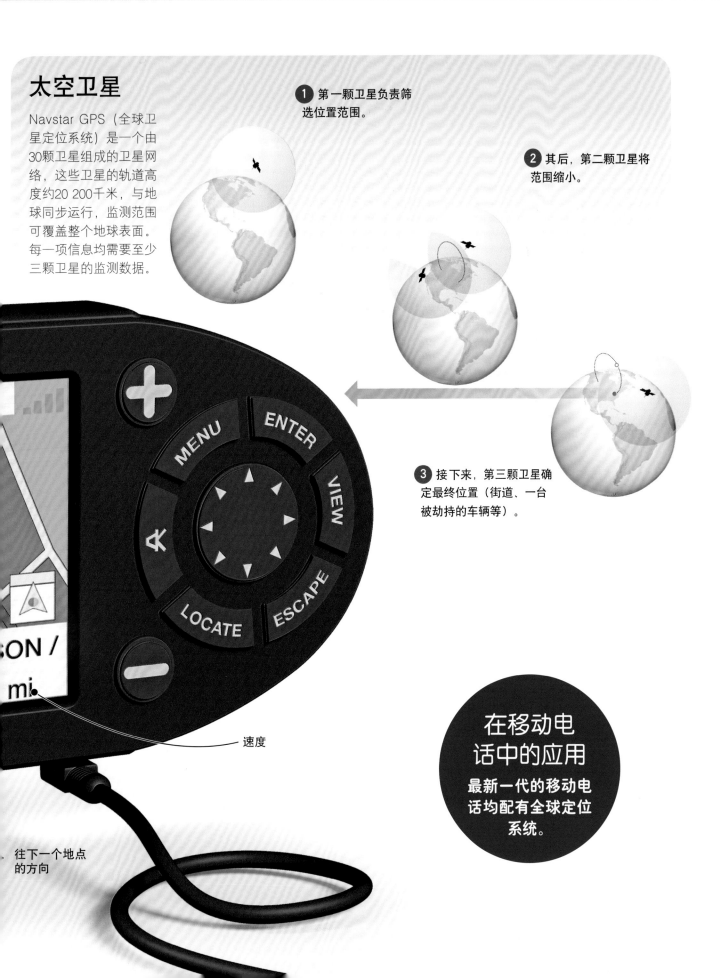

1 第一颗卫星负责筛选位置范围。

2 其后，第二颗卫星将范围缩小。

3 接下来，第三颗卫星确定最终位置（街道、一台被劫持的车辆等）。

速度

往下一个地点的方向

在移动电话中的应用

最新一代的移动电话均配有全球定位系统。

太空探测器

从20世纪60年代第一批太空飞船（如水手号探测器），到于2005年发射的旨在研究火星的火星勘测轨道飞行器，太空探测器已作出了很多贡献。太空探测器以太阳能为能源，由内置火箭驱动在特定太空轨道上运行，它们的体积约相当于一辆汽车。这些无人设备上配置了摄像头、传感器和光谱仪，可以从它们的所到之处搜集数据。

太空探索

太空探测器被发射到太空的主要任务是研究宇宙。

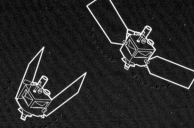

火星勘测轨道飞行器

这颗轨道探测器（MRO）的主要任务是寻找火星表面水存在的迹象，于2005年8月12日由美国航空航天局（NASA）发射，目前仍在执行任务。

太阳能板

太空探测器主要依靠太阳能运行，其上设有两块太阳能板，总面积为40平方米。

火星轨道

地球轨道

火星

太阳

地球

1 发射

火星勘测轨道飞行器于2005 年 8 月 12 日在美国卡纳维拉尔角被发射至太空。

2 巡航飞行

探测器在到达火星之前飞行了七个半月。

3 纠正路线

在这次飞行中，探测器共调整了四次才走上了正确轨道。

4 到达火星

在 2006 年 3 月，这颗轨道探测器穿过火星南半球之下，导致探测器减速。

5 科研阶段

在到达火星后，探测器开始对火星表面进行分析，并在首批探索成果中发现水存在的迹象。

高增益抛物面天线
目前使用的高增益抛物面天线的数据传输量超过过去旧型号同类型天线10倍。

星际体验

"旅行者1号"于2013年9月离开太阳系，这是迄今为止太空探测器航行的最远距离。这颗太空探测器于1977年从美国卡纳维拉尔角发射升空，以每秒17千米的速度飞行。

太阳能板

太阳能板

每块太阳能板上有 **3744 块** 电池片。

你知道吗?

世界上第一颗太空探测器是苏联的"月球2号"，于1959年登陆月球。

3D打印

3D打印机的尺寸与复印机相似，它可以轻松快速地打印出三维物体，目前最常用于打印实体模型。不论结构简易还是复杂、模型的颜色是黑白抑或色彩缤纷，3D打印机都可以通过一部普通电脑的操控，呈现我们想要的模型。未来几年，3D打印机可能很快普及至家庭。●

打印机机体

3D打印机使用一种特殊微颗粒粉和黏合剂为原料，打印立体成品。

废弃的打印粉将被储存并重新利用。

可移动打印座
3D打印机的打印结构可左右移动，使打印头可塑造出需要的打印成品。

软管
将黏合剂输送至打印头。

打印头
该部件将根据处理器的指令，在打印座上以垂直的方式移动，将黏合剂喷注至打印粉上。

打印粉斗
在此储存打印粉。

建模盘
当打印头使用黏合剂塑造打印品的形状时，该部件负责一层一层地接收打印粉。

电脑雕刻师

3D打印机以逐层的方式构建打印成品，从底部开始逐步至顶部。就打印速度而言，3D打印算是一个较慢的过程，但比起传统实体模型的构造，已可节省大量时间和成本。

❶ 效果图

3D打印的效果图可在电脑上通过三维模型软件生成。

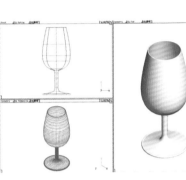

价格

由于3D打印的高昂价格，迄今仅在企业和学校机构内使用。

❷ 打印成品底座

打印头将一层薄薄的打印粉体铺在建模盘上。

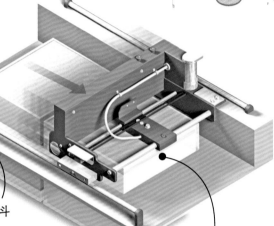

打印粉斗

建模盘

打印粉斗

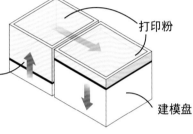

打印粉

打印粉斗

建模盘

你知道吗？

新款的3D打印机已配有可打印出彩色成品的打印头。

❸ 打印

其后在粉层上，由打印头喷注快干黏合剂，通过重复这个步骤，构建打印成品的每一层结构。

❹ 成品

当打印过程结束时，打印成品已"矗立"在建模盘上。稍后，打印成品将被浸泡在特定液体中，液体的种类根据所需的成品硬度而定。

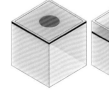

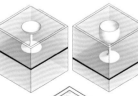

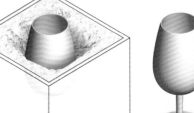

机器人

机器人是一台可编程的电子机器或设备，能够按照人们预先设定的指令操控物体或开展相应操作。随着机器人的发展，它们已逐渐取代很多原本由人力完成的工作，替代人类处理不少艰险的任务。这种早年仅能出现在科幻电影屏幕上的聪明机器，很快会进入到人们的日常生活当中。●

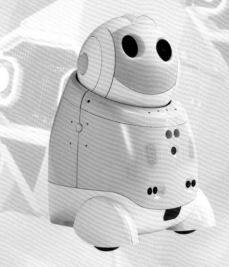

PaPeRo

这是一款家用机器人，能协助其主人完成各项家务。

宠物机器人

宠物机器人可以与其主人互动，它们能够行走、竖起它们的尾巴和耳朵、执行主人的命令并表达情感。图中这款宠物机器人由索尼公司研发，名为AIBO，在日语中意为"朋友"。

感官
宠物机器人拥有灵活的触感，并能识别主人的声音。

尺寸：
27.8厘米
31.7厘米

技能
宠物机器人在行走时懂得绕开障碍物，并可以模仿狗的常见动作。

情感表达
宠物机器人可以通过脸部的光信号屏幕表达多种情感。

愉悦　　愤怒　　悲伤

言语表达

认出主人　发现障碍物　被抚摸

欣喜和偏爱的表达

被主人抚摸　喜欢的地方　偏爱的物品

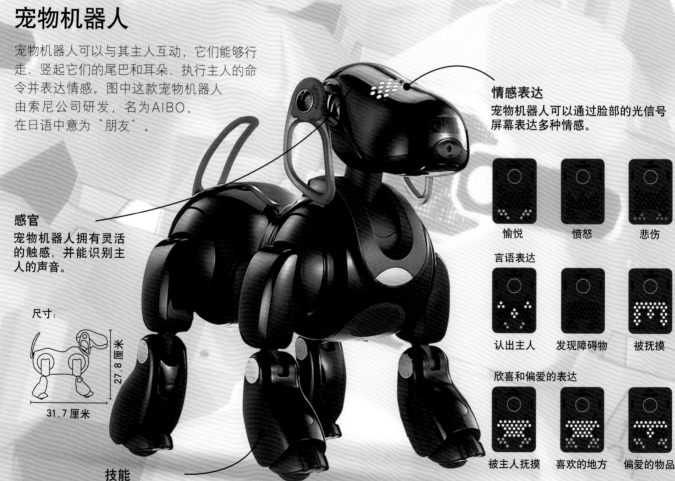

类人型机器人

其外形和体积与人相似，具有看、听和移动的能力。该类机器人能够自行行走，识别不同的人并与他们交谈，能在一定程度上帮助上课教学和照顾病人。

技能
人型机器人不但能识别人们的声音，还能够进行开瓶子、往杯子里倒酒水等操作。

在下棋时，超级电脑"深蓝"每秒可运算

2 亿次。

阿西莫机器人

这款机器人身高1.2米、重43千克。可以行走、跳舞、跑步、爬楼梯和回答简单的问题。

人工智能

"人工智能"这一理念于1956年在美国被首先提出。

运动能力
阿西莫的跑步速度可达每小时3千米。此外，其行走速度也已得到了提升，从最初的每小时1.6千米提高至2.5千米。

虚拟现实

虚拟现实技术使人们能够与虚拟世界和模拟场景互动。这种技术的应用范围很广，在教学、市场营销、休闲或文化等领域都大有作为。虚拟现实通过计算机程序生成，目前仅可通过计算机设备观看或感受。●

模拟感官

虚拟现实的图像通过使用多种不同的3D编程语言的强大处理器生成。迄今，虚拟现实技术在产生视觉和听觉效果上已取得惊人的成就，但对其他感官的模拟效果仍待发展且成本高昂。

虚拟现实头盔
呈现 3D 图像，并可以根据使用者头部的移动和位置的变化改变图像。

手套
虚拟现实技术配备的手套上装有多个可记录手部和臂部运动的探头，由此将用户的移动融入模拟场景中。

模拟器

有一些虚拟现实模拟器可以复制真实的环境或场景供教学使用。飞行模拟器便属其中的一种，它能帮助飞行员学习驾驶飞机，并锻炼学员面临真实飞行时可能出现的各种突发事件的应变能力。驾驶模拟器同样适用于道路和铁路等交通工具的驾驶训练。

耳机
通过 3D 环绕声模拟用户四周环境发出的声响。

操控器
该操控器可向电脑传输信号，用户可通过操控器控制位置和不同动作。

图像的生成

1．建模
由电脑软件生成基本形态和架构，通过动画图像可对物品的形状和位置进行调整。

2．构造完成
添加纹理、颜色和光亮等效果，创造具有真实感的观感。

3．编程
在模拟场景时，通过编写相应程序，保证用户在场景中能够与虚拟对象进行交互。

娱乐性

虚拟现实的应用在电子游戏界有巨大的市场，虚拟图像和模拟器可使玩家拥有近似真实的游戏体验。

为购买 Oculus Rift——全球首个家用虚拟现实头戴式显示器技术，Facebook 公司投资了 **20 亿美元**。

你知道吗？

《黑客帝国》于1999年上映，电影的故事发生在一个由机器人主宰的世界里，在故事中人类是机器人的奴隶。

4D超声波

4D超声波技术将时间作为一个新的变量，扫描图像可以以彩色呈现，使对子宫内胎儿的观察如同观看一部电影一样。该技术还被应用到很多不同领域，尤其是在妇产科。接下来，让我们看看4D超声波技术是如何运作的。●

1 超声波的发射
传感器发射超声波，超声波进入母体子宫并从胎儿身上反射。

2 超声波的反射
超声波与胎儿身体碰撞并被反射，由于其频率设置在人体无法听见的水平，不会对胎儿造成任何伤害或不适感。

传感器每秒能发射和接收

5 000 次 超声波。

发动机
驱动传感器每秒以每弧 80 度的角度转动约 20 次。

❸ 接收超声波
传感器接收被反射的超声波并交由处理器进行解读，处理器在解读后会生成动态、实时和彩色的图像。

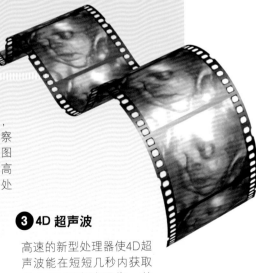

4D超声波与3D超声波的区别

之所以取名4D，是为了与仅可构建静态图像的3D超声波区分开。

液体介质容器
储存在这里的液体介质可使超声波获得比在空气中快得多的传播速率。

发展进程

近年来，超声波研究的进步已将显示能力从混淆彩色图像的呈现效果演变成仿佛在子宫内给胎儿拍摄"电影"一般。

❶ 2D 超声波

2D超声波技术在妇产科得到了广泛应用，虽然与最新一代的超声波扫描相比，该技术还有很多不足之处，但产科医生们却常用该技术对胎儿的解剖学结构进行扫描和分析。

❷ 3D 超声波

该技术可呈现胎儿的静态三维图像，可用于检测胎儿是否存在畸形，观察胎儿的面部轮廓。为获得静态三维图像，超声波须在同一平面上的不同高度对婴儿的截面进行扫描，稍后由处理器通过计算生成图像。

❸ 4D 超声波

高速的新型处理器使4D超声波能在短短几秒内获取多个3D超声波图像，其后，处理器通过数学计算生成动态的胎儿图像。

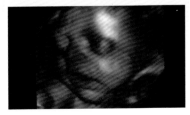

机器人手术

在机器人手术中，外科医生从虚拟现实控制台进行操作，由带机械臂的机器人对病人实施手术。这一技术使医生们可以对远在地球另一端的病人实施手术。此外，这种技术有诸多优点，比如：它能切出极为精细或较小的切口（避免了因人手颤抖而造成的失误和偏差），使伤口可在更短时间内恢复。●

控制台

这是外科医生开展手术的地方。 虚拟现实环境使医生们可以观察放大到20倍的切口和器官的影像。

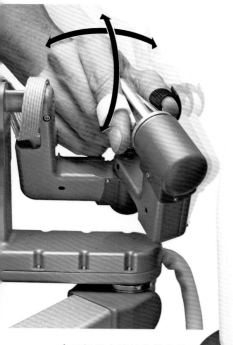

由于机器人能够传输有关弹性、压力和阻力的数据及其他信息，这使外科医生们能够"感受到"手术过程，可以"坐下来"在操作台上实施手术。

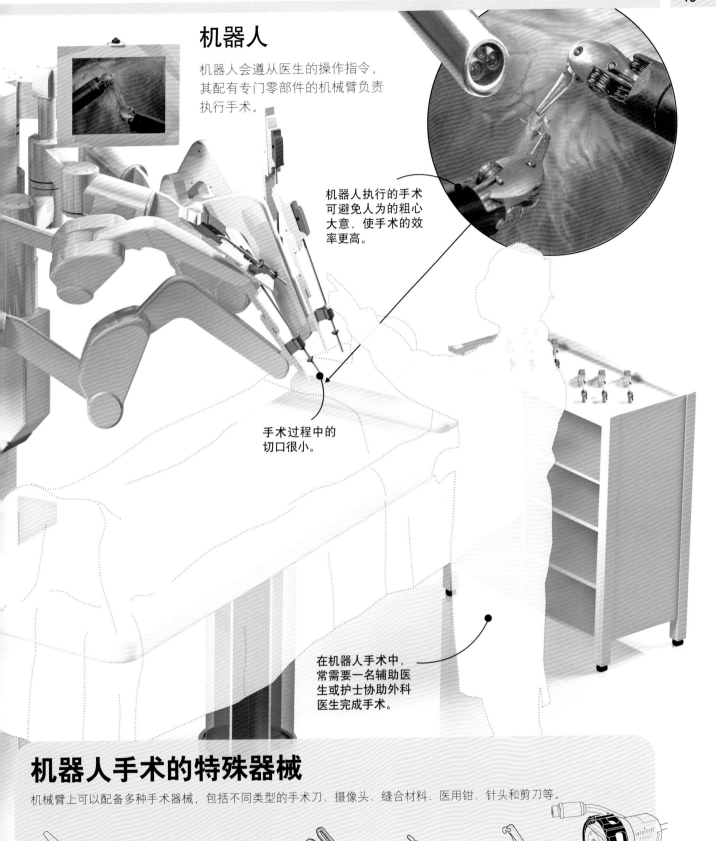

机器人

机器人会遵从医生的操作指令，其配有专门零部件的机械臂负责执行手术。

机器人执行的手术可避免人为的粗心大意，使手术的效率更高。

手术过程中的切口很小。

在机器人手术中，常需要一名辅助医生或护士协助外科医生完成手术。

机器人手术的特殊器械

机械臂上可以配备多种手术器械，包括不同类型的手术刀、摄像头、缝合材料、医用钳、针头和剪刀等。

| 缝合钳 | 手术刀 | 剪刀 | 医用钳 | 针头 | 施夹钳 | 摄像头 |

仿生植入物

在几十年前，截肢者还要忍受沉重且恼人的假肢。而到二十一世纪的今天，创造出一个可以与人体神经系统连接、并可直接收到大脑指令的人工肢体已将要实现。至少，在这方面的实验原型已极为先进，目前市场上假肢的性能和质量也得到了惊人的提高。

手臂升高轴

手臂电动机

电脑

3

2

1

神经

传感器

胸部肌肉

手肘电动机

4

手肘关节

灵活的手腕

手腕电动机

如同科幻小说一般

美国芝加哥康复研究所研发的实验性仿生手臂已具备解读来自大脑的命令的能力，可使患者恢复失去的肢体的全部功能。

1 外科医生重新定向与手臂相连的神经并将其植入胸部肌肉。

2 当患者想移动诸如手臂、手、手指等部位时，该指令穿过神经并在胸部引起特定的轻微收缩。

3 这些收缩被一系列特殊的传感器捕获，传感器将电信号传输至仿生手臂的电脑。

4 电脑命令手臂实施特定动作。

半人半机器

往后数年里，除了仿生手臂和仿生下肢以外，还有人造静脉、动脉、器官和肌肉以及供盲人和聋哑人使用的仿生眼睛和仿生耳朵都将一一问世。通过使用芯片，可恢复四肢和器官原有的功能，有的设备甚至还可以消除患者的慢性疼痛。

发展前景

不久的将来，多种仿生眼睛、耳朵、器官和肌肉都将被全面研发。

— 三角肌

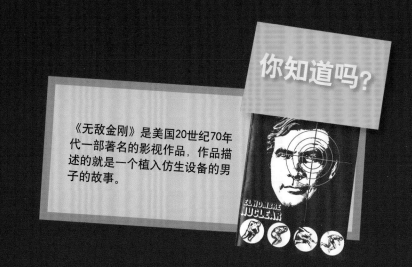

你知道吗？

《无敌金刚》是美国20世纪70年代一部著名的影视作品，作品描述的就是一个植入仿生设备的男子的故事。

智能下肢

与仿生手臂不同，由Ossur公司研发的Proprio Foot（微处理器控制的足部义肢）已活跃于市面上，该类义肢并不解读大脑指令，而是根据肌肉在不同的地面和行进状态时的运动进行调整，最大限度地模拟真正的腿部功能。

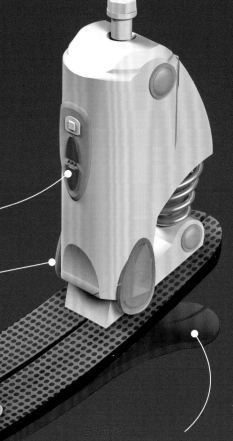

功能

加速度计（振动计）每秒钟可以分析约1 000次腿部的移动。所得的数据由负责调整义肢的电脑进行分析解读。

参数调整

即使在爬坡时或上楼梯时，Proprio Foot也可以进行旋转、升降和调整，使行走尽可能舒适，而义肢的舒适性欠佳往往是截肢者面临的严重障碍之一。

一般来说，使用者无需对义肢进行调整，该义肢可随时随地自动检测和分析任何变动，并适时地作出调整。

图书在版编目（CIP）数据

伟大发明/西班牙Sol90出版公司编著；中央编译翻译服务有限公司译. —北京：中国农业出版社，2019.12
（全景图解百科全书：思维导图启蒙典藏中文版）
ISBN 978-7-109-24982-0

Ⅰ.①伟… Ⅱ.①西… ②中… Ⅲ.①创造发明—少儿读物 Ⅳ.①N19-49

中国版本图书馆CIP数据核字（2018）第275104号

MY FIRST ENCYCLOPEDIA – New Edition
Great Inventions

IDEA ORIGINAL Joan Ricart
COORDINACIÓN EDITORIAL Nuria Cicero
EDICIÓN Diana Malizia, Alberto Hernández, Joan Soriano
DISEÑO Clara Miralles, Claudia Andrade
CORRECCIÓN Marta Kordon
PRODUCCIÓN Montse Martínez
FUENTES FOTOGRÁFICAS National Geographic; Getty Images,Getty Images - Corbis; Cordon Press; Latinstock; Thinkstock.

全景图解百科全书
思维导图启蒙典藏中文版
伟大发明

中国农业出版社出版
地址：北京市朝阳区麦子店街18号楼
邮编：100125
策划编辑：张 志 刘彦博 杨 春
责任编辑：刘彦博 责任校对：刘彦博 营销编辑：王庆宁 雷云钊
翻译：中央编译翻译服务有限公司
书籍设计：涿州一晨文化传播有限公司 封面设计：观止堂_未氓
印刷：鸿博昊天科技有限公司
版次：2019年12月第1版
印次：2019年12月北京第1次印刷
发行：新华书店北京发行所
开本：889mm×1194mm 1/16
印张：3
字数：100千字
定价：45.00元

吃水线
空气
水体
浮力

空气 充满
空心结构
密度ρ
水体
大
船体
吃水ρ竹
船体ρ竹

原国籍
国旗
标志 航运公司
烟囱
航行
操舵室
机动动作
货舱口
起重机
甲板上 构造
绞盘
下锚
起锚

船体 外置
内设
燃料罐 双层底 轮机房
水箱 货仓 安装
柴

　　请小朋友从书中选取最感兴趣的页面，试着根据这个页面的内容创作自己的思维导图，画在下面的空白处吧！

思维导图是世界大脑先生、世界创造力智商最高保持者东尼·博赞先生于20世纪70年代发明创造的，被誉为"大脑的瑞士军刀"。根据博赞先生所述：思维导图是一种放射性思维，体现的是人类大脑的自然功能；它以图解的形式和网状的结构，用于储存、组织、优化和输出信息，利用这些自然结构的灵感来提高思维效率。

思维导图的优势

①吸引眼球，令人心动：思维导图是一种带有流动线条与多彩图像的可视化笔记。人的大脑天生就喜欢自然的、有颜色、有图像感的画面，这种形式会让孩子们眼前一亮。

②精准传达，信息明了：思维导图呈现的是一种放射状的结构，线条与线条之间存在着特定的逻辑关系，能够把关键信息点之间的联系清晰地表达出来。

③去芜存菁，简单易懂：绘制过程是对庞大资讯的提炼、理解的过程，通过关键词和关键图像的概括、组织、优化后再"瘦身"输出，让孩子们对资讯内容一目了然。

④视线流动，构建时空：通过这种动态的结构形式可以清晰地看出我们在时间、空间、角度等三个层面的思考轨迹，思想的结果可以随时在图中进行相应的添加与补充。

⑤全貌概括，以图释义：一张思维导图可以概括出整本书的核心要点，即一页掌控的能力。

绘制思维导图的通用操作步骤

①绘制中心主题，即中心图。

②绘制各个部分的大纲主干，并添加其相应内容分支。

③写关键词（边画主干分支边写关键词，二者同步进行）。

④添加插图、代码、符号，体现聚焦原则。

⑤涂颜色，一个大类别一种颜色，相邻两大类别运用对比色，能够帮助大脑在短时间内辨别资讯分类。

用思维导图学习这套百科

这套给孩子们的百科全书，每册精选一个章节的知识内容绘制了一幅思维导图，这些思维导图出自我的"导图工坊"学员之手，可以帮助孩子们快速记忆知识点，直观理解图书内容。经常临摹这些导图，孩子们的思维过程会逐步演化为思维模式，进而形成思维习惯，还可以运用思维导图进行内容的复述，即口头分享：看着导图中的关键词和关键图的提示，运用完整的句子流畅地表达出来。

愿思维导图能够帮助孩子们高效学习、快乐成长！

第八届世界思维导图锦标赛

全球总冠军 **刘艳**

刘艳思维导图工坊

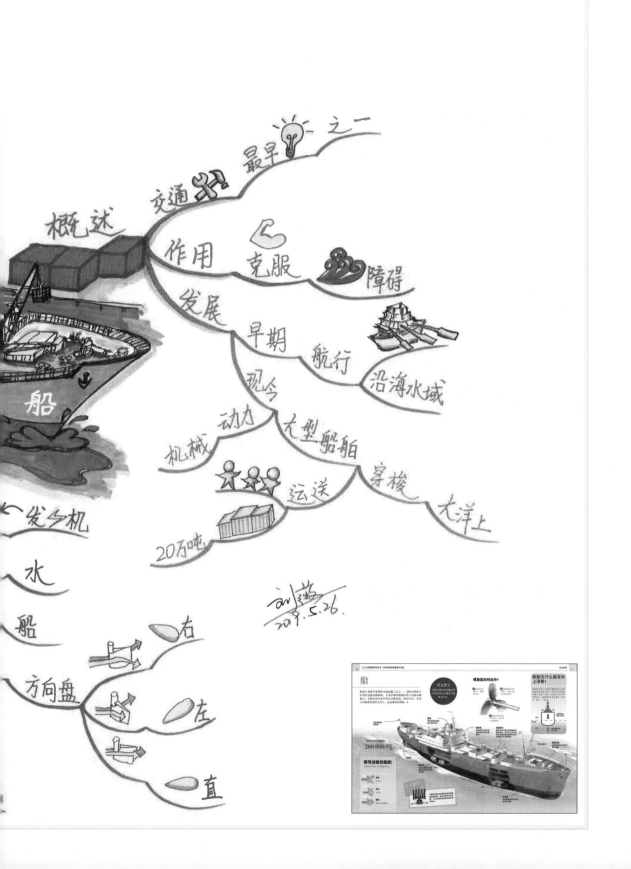

概述

交通 最早 之一

作用 克服 障碍

发展 早期 航行 沿海水域

现今 动力 大型船舶

机械 穿梭 大洋上

运送 20万吨

船

发动机

水

船

方向盘 右 左 直

刘薇
2019.5.26.

船
200 000吨